小跳豆
Jumping Bean
健康常識系列 ④

我做得到！
養成良好生活習慣

新雅文化事業有限公司
www.sunya.com.hk

小跳豆健康常識系列 ④

我做得到！養成良好生活習慣

作　　者：新雅編輯室
封　　面：張思婷
繪　　圖：Spacey Ho
顧　　問：許嫣（病理學專科醫生）
責任編輯：潘曉華
美術設計：張思婷
出　　版：新雅文化事業有限公司
　　　　　香港英皇道 499 號北角工業大廈 18 樓
　　　　　電話：(852) 2138 7998
　　　　　傳真：(852) 2597 4003
　　　　　網址：http://www.sunya.com.hk
　　　　　電郵：marketing@sunya.com.hk
發　　行：香港聯合書刊物流有限公司
　　　　　香港荃灣德士古道 220-248 號荃灣工業中心 16 樓
　　　　　電話：(852) 2150 2100
　　　　　傳真：(852) 2407 3062
　　　　　電郵：info@suplogistics.com.hk
印　　刷：中華商務彩色印刷有限公司
　　　　　香港新界大埔汀麗路 36 號
版　　次：二〇二三年一月初版

ISBN: 978-962-08-8139-8

目錄

豆豆小故事

吃飯要定時

1 博士豆，晚餐已經準備好了，快來吃飯吧。

媽媽，等一等，我想先看完這本書。

博士豆非常喜歡閱讀。有一次，晚餐時間到了，他捨不得放下書本，連媽媽用心準備的飯菜也不吃。

2 博士豆，吃完飯再看書吧。

爸爸，等一等，我快看完了！

博士豆餓得肚子咕咕叫，但他還是忍不住想把書看完。

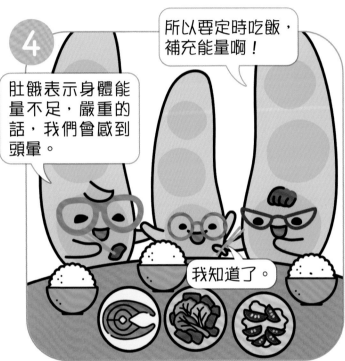

④

肚餓表示身體能量不足，嚴重的話，我們會感到頭暈。

所以要定時吃飯，補充能量啊！

我知道了。

博士豆吃了飯後，覺得頭不暈了，愉快地享受着媽媽精心烹調的美味食物。

③

媽媽，我突然覺得很頭暈。

博士豆終於把書看完了。他站起來的時候，卻突然感到很不舒服。

均衡飲食

小朋友，我們要飲食均衡，身體才會健康。那麼每天要進食什麼食物呢？進食的份量是多少呢？請你跟着以下的「健康飲食金字塔」，一起來培養良好的飲食習慣吧！

油、鹽、糖類
（吃最少）

奶類及代替品
（吃適量）

肉、魚、蛋及代替品
（吃適量）

蔬菜類
（吃多些）

水果類
（吃多些）

穀物類
（吃最多）

流質飲料

資料來源：香港特別行政區政府衛生署

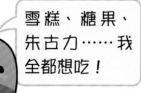

雪糕、糖果、朱古力……我全都想吃！

胖胖豆，零食大多是糖、鹽、油分高的食物，對身體沒有好處，要少吃啊！

更多健康飲食金字塔的資料，可掃描左面二維碼瀏覽衛生防護中心的網頁。

哈哈豆舉行生日會，媽媽為哈哈豆和他的朋友們準備了很多美食呢。小朋友，請從豆豆們的說話文字中，猜猜誰會偏食呢？請把那位豆豆的名字圈起來，並告訴他為什麼不能偏食吧。

歡迎大家來參加我的生日會，請盡情吃東西吧！

我最愛吃肉類，不喜歡吃蔬菜和水果。

我喜歡吃飯，也喜歡吃肉、魚和水果，但我很少吃零食。

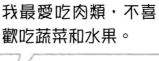

糖糖豆

雖然我吃得比較慢，但是各種食物我都喜歡吃。

火火豆

力力豆

參考答案：偏食的是糖糖豆，偏食會導致營養不均衡，身體得不到足夠的營養。

五大營養素

食物中含有的碳水化合物、蛋白質、脂肪、礦物質、維他命,合稱「五大營養素」,是幫助人體生長最重要的元素。請跟着以下每種營養素下方的路線走,找出它們常見於哪些食物吧!

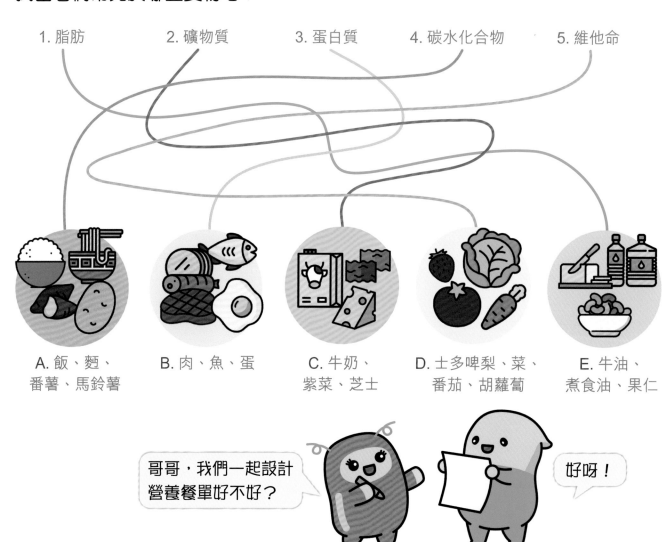

1. 脂肪　　　2. 礦物質　　　3. 蛋白質　　　4. 碳水化合物　　　5. 維他命

A. 飯、麵、番薯、馬鈴薯

B. 肉、魚、蛋

C. 牛奶、紫菜、芝士

D. 士多啤梨、菜、番茄、胡蘿蔔

E. 牛油、煮食油、果仁

哥哥,我們一起設計營養餐單好不好?

好呀!

答案:1.E;2.C;3.B;4.A;5.D

小朋友，五大營養素都很重要，不要忘記任何一個啊！

小朋友，一起來培養均衡的飲食習慣，就能像我火火豆一樣天天能量十足！

碳水化合物： 為身體提供能量，我們才有足夠的力氣活動。

蛋白質： 促進生長發育和修補身體組織。要快高長大，絕對少不了它！

維他命： 有對夜間視力十分重要的的維他命A、維持免疫系統正常的維他命C等等。

脂肪： 儲存熱量，有助維持體溫。並可保護內臟免受震盪。

礦物質： 包括鞏固骨骼和牙齒的鈣、有助輸送氧的鐵等。

火火豆的能量提示

 心跳、呼吸、思考、指甲和頭髮生長……任何身體活動都需要能量，即使我們睡着了也需要能量啊！

一碗白飯 260 千卡

 「卡路里」是能量的計算單位，1000 卡路里 = 1 千卡。食物的卡路里越高，含有的能量越多，可以讓身體活動得越久。

一隻烚蛋 78 千卡

喝水好處多

人體的成分當中有超過一半都是水分。水分負責維持體溫、製造體液、傳送養分和氧氣，還有排毒等任務，對人體十分重要。

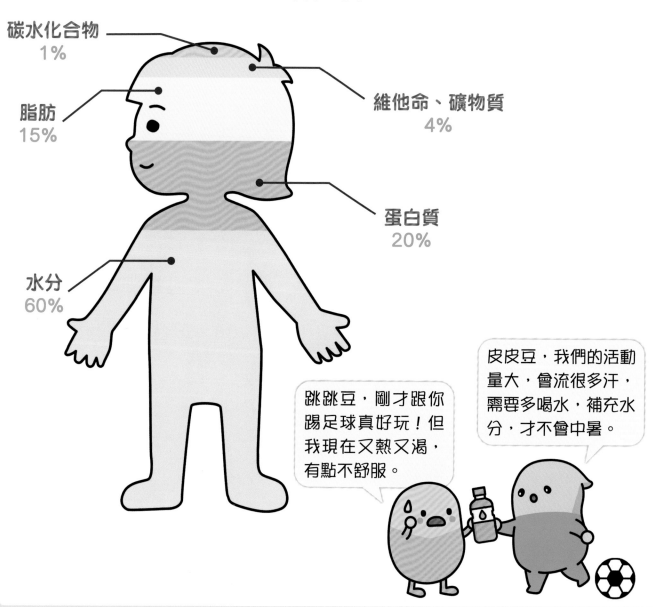

碳水化合物
1%

脂肪
15%

維他命、礦物質
4%

蛋白質
20%

水分
60%

跳跳豆，剛才跟你踢足球真好玩！但我現在又熱又渴，有點不舒服。

皮皮豆，我們的活動量大，會流很多汗，需要多喝水，補充水分，才不會中暑。

下圖中的小朋友都進行了一些活動，哪些小朋友特別需要喝水呢？
請在  塗上藍色。

1 起牀後……

2 天氣熱的時候……

3 做運動後……

4 進食後……

媽媽，為什麼每天都要喝水？

因為喝水可以幫助消化排毒，還可以預防中暑脫水。

答案：1（睡眠時體內仍在流失水分）、2和3（天氣炎熱和運動過後，身體都會排汗，令身體流失水分）、
4（有助分解食物，幫助消化）。

11

正餐很重要

我們每日都要進食早、午、晚三餐正餐，才有足夠能量維持身體生長、有充足的抵抗力和保持活力充沛。來跟以下小朋友學習良好的飲食習慣吧！

定時：兩餐正餐之間相隔 4 至 6 小時，在正餐之間可以吃一次茶點。

適量：吃太多或太少都會不舒服。

均衡：跟從「健康飲食金字塔」，飲食要健康。

> 小朋友，茶點與正餐應相隔最少 1.5 至 2 小時。適量的健康茶點有助補充身體每天所需的熱量和營養。

水果乳酪

牛油果多士

小朋友，晚餐想吃什麼呢？請從下面大圖中挑選出健康食材，塗上你們喜歡的顏色吧。

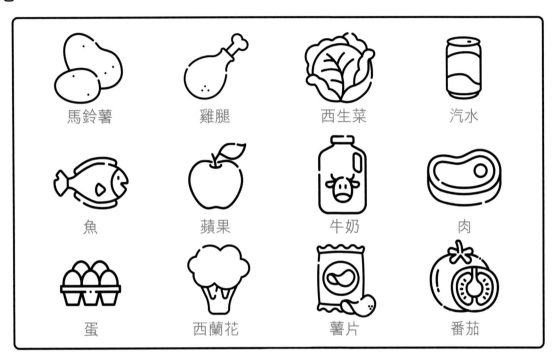

馬鈴薯　　雞腿　　西生菜　　汽水

魚　　蘋果　　牛奶　　肉

蛋　　西蘭花　　薯片　　番茄

小網友，提提你，吃太快會消化不良，所以要慢慢咀嚼，再吞下食物。

可是，也不能把食物長時間含在嘴裏。飯和麵的澱粉質經唾液中的酵素分解後，會轉化成糖，容易引起蛀牙。

腸胃清道夫

食物中的膳食纖維雖然不能被人體吸收，但不要誤會它是沒用的殘渣，它可是有重要的功能，被稱為「腸胃清道夫」呢！

> 我們的身體裏有些不需要的廢物，會通過排泄排出體外，例如便便。要讓便便順暢地排出來，就需要膳食纖維的幫助。

膳食纖維可分為水溶性和非水溶性兩種。小朋友，來看看在哪些食物中可找到它們吧！

水溶性膳食纖維

| 麥皮 | 西蘭花 | 香蕉 | 士多啤梨 | 胡蘿蔔 |

非水溶性膳食纖維

| 全麥麵包 | 椰菜 | 菜心 | 番薯 | 糙米 |

水溶性膳食纖維有助控制血糖和降低膽固醇；而非水溶性膳食纖維則對排便大有幫助！

膳食纖維有助排便，大家要像我一樣多吃蔬菜水果啊！

非水溶性膳食纖維使便便蓬鬆，增加便便體積，刺激腸道蠕動。

小朋友，請從外觀猜猜看，哪些是健康的便便呢？

1. 硬硬的顆粒

2. 表面凹凸

3. 表面光滑的香腸形狀

4. 水狀

答案：3 的便便軟硬、粗幼適中，是健康的便便。

15

作息均衡（1）

生活有規律、作息定時，對身心健康都有好處。下圖中的小朋友們，哪些是作息定時的呢？請給他們的 ☺ 塗上黃色；作息不定時的，請在 ☹ 塗上藍色，並試試說出所帶來的壞處。

1 ☺ ☹ 從早到晚都在看電視。

2 ☺ ☹ 每天定時吃飯。

3 ☺ ☹ 只顧着玩遊戲，累了也不肯停下來。

④

☺ ☹ 長時間使用電子產品。

⑤

☺ ☹ 每晚定時上牀睡覺。

⑥

博士豆，暑假我整天
只是玩耍、做運動，
為什麼會那麼累呢？

無論是什麼活動，過量
了都會令人疲倦。要讓
大腦和身體得到充分的
休息，我們才可以保持
體力充沛。

☺ ☹ 運動後累了，便停下來休息。

作息均衡（2）

脆脆豆沉迷看電視，令眼睛常常不舒服，跳跳豆想幫助他呢。小朋友，請編排一個有規律的作息表，幫脆脆豆培養自律的生活態度吧！請根據圖中的時鐘，在 ____ 內填寫正確的數字。

怎樣安排作息時間呢？

我和小朋友們來幫幫你吧。

上午 7 時正起牀。

上午 ____ 時 ____ 分吃早餐。
有進食早餐習慣的小朋友，記憶力和學業成績都較好呢！

上午 ____ 時正上學去。

中午 12 時正吃午餐。

下午 ____ 時正放學回家。

下午 3 時 30 分做功課。

下午 ＿＿＿ 時 ＿＿＿ 做運動。
足夠的體能活動，使身心健康，
還有助預防肥胖和相關疾病。

下午 ＿＿＿ 時正玩遊戲。

晚上 ＿＿＿ 時正吃晚餐。

晚上 7 時正洗澡。

晚上 ＿＿＿ 時正親子時間。

晚上 ＿＿＿ 時正睡覺。

小朋友，謝謝你們幫忙！你們
也可以和爸媽一起製訂一個適
合自己的時間表，建立規律的
作息時間啊！

睡眠是最好的休息

睡眠是人體主要的休息方式,如果睡眠不足會怎樣呢?來看看皮皮豆的故事吧。

皮皮豆,很晚了,去睡覺吧。

媽媽,讓我再玩一會兒吧!

第二天上課的時候,皮皮豆不停打呵欠,很想睡覺。

小息的時候……

我昨晚很晚才睡。剛才老師說了什麼?我沒有聽清楚。

皮皮豆,晚上好好睡覺,才能夠集中精神上課。

過了一天……

老師,我來答問題!

小朋友,你知道為什麼皮皮豆會變得精神奕奕嗎?

同學們看見皮皮豆回復精神了。

睡眠除了可以消除疲勞和促進體力的恢復外，還可以提升記憶力和集中力。如果睡眠不足，不但人體的免疫力會大幅下降，容易引起疾病，而且生長激素的產生也會減少，導致發育不良。

我是睡眠不足，容易生病的皮皮豆……

我是睡眠充足，身體強壯的皮皮豆！

生長激素

超過 50% 的生長激素是在睡眠中產生的。生長激素控制人體的生長發育，睡得好就會發育得好。

讓我告訴大家一些關於睡眠的小知識吧！

- 2 歲的幼兒每天應保持 11 至 14 小時的睡眠。
  3 至 6 歲的小朋友每天要睡 10 至 13 小時。
- 兒童睡眠時間不足會增加肥胖風險。

優質睡眠

怎樣才能獲得優質的睡眠呢？小朋友，快來看看以下的方法吧！

日間進行適量運動：跑步、跳舞等有氧運動有助消耗能量和放鬆身心。

睡前進行靜態活動：睡前請爸爸媽媽陪自己聊天或者講故事。

胖胖豆，睡前兩小時避免進食，會容易消化不良，影響睡眠質素啊！

這個蛋糕好像很好吃，我要吃啦！

定時培養睡眠情緒：睡前定時進行固定活動，例如聽 15 分鐘柔和的音樂，然後睡覺。

舒適安靜的入睡環境：黑暗的環境有助好眠。也可在牀頭放一盞小燈，幫助安心入睡。

放鬆心情安心入睡：抱着心愛的洋娃娃、毯子、毛巾讓人感到安心容易入睡。

定時睡覺和起牀：就算是放假也要早睡早起，培養良好的睡眠習慣。

白天經歷過的刺激和壓力都可能形成噩夢。小朋友，記住不要聽或看恐怖故事，睡前感到不安就請爸媽陪伴自己吧。

保持個人衞生

注意個人衞生，可以有效預防疾病。小美是個愛乾淨的好孩子，你會像她一樣有以下這些良好的清潔習慣嗎？每做到一項，就在 ☆ 塗上你喜歡的顏色吧！

☆ 每天早晚刷牙

☆ 每天洗澡、更換衣服

☆ 勤洗手

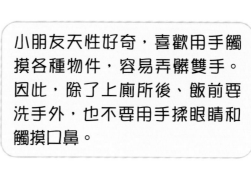

小朋友天性好奇，喜歡用手觸摸各種物件，容易弄髒雙手。因此，除了上廁所後、飯前要洗手外，也不要用手揉眼睛和觸摸口鼻。

☆ 保持頭髮整齊清潔

☆ 經常修剪指甲

☆ 生病時戴上口罩

☆ 咳嗽或打噴嚏時掩蓋口鼻

小朋友，如果你塗滿所有星星的話，恭喜你！請繼續保持這些好習慣啊！如果有些未塗上顏色的，請加油，相信你一定做得到的！

正確姿勢

脊柱是身體主要的支撐，支持我們做各種動作。坐、站或走路都要保持良好姿勢，注意保護脊柱，既能減少損傷，又可以使儀表端正。

正確坐姿

- 腰背挺直。
- 背部貼椅背。
- 大腿與地面平行。
- 膝蓋成 90 度。
- 雙腳平放地上。

請仔細觀察左邊正確的坐姿，然後說出下面三幅圖中坐姿不正確的地方。

正確書寫姿勢

- 頭置中，頸和肩放鬆。
- 紙與握筆的手成 90 度。
- 筆桿緊貼虎口。

如果坐姿長期不正確，會造成腰痠背痛，更可能會形成駝背、斜膊等形體問題。

除了坐姿外，保持正確的站姿和走路的姿勢也很重要。小朋友，請你來一起學習吧！

正確站姿

挺起胸部。

兩邊肩膊成一直線。

背部挺直。

正確走路姿勢

提起一邊腿部將腳尖踏出

腳跟着地放平在地上

提起另一邊腿部將腳尖踏出

重複以上動作，保持身體平衡

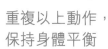

參考答案：1. 腰背沒有挺直；2. 腰背有挺直、膝蓋沒有挺直；3. 我挺沒有挺膝蓋，兩腳沒有平放地上。

保護眼睛

眼睛是我們認識這個多彩世界的重要窗口，一定要好好保護。「20-20-20」，即是每 20 分鐘看 20 呎以外的景物約 20 秒，讓眼睛可以放鬆休息。以下有更多護眼方法，小朋友，一起來學習吧！

1 定期驗眼

> 4 歲就可以做視力檢查。每年定期檢查一至兩次，了解自己的視力。

2 紓緩眼睛疲勞

> 舒服嗎？

熱敷可以幫助眼部血液循環、肌肉放鬆，紓緩眼睛疲勞。

> 我的眼睛舒服多了，謝謝媽媽！

左右手互搓，搓至手心熱起來。

把掌心敷在小朋友的眼睛上大約 30 秒。重複做幾次，直至感覺眼睛放鬆了。

小朋友，你知道怎樣做才可以保護眼睛嗎？請用線把正確的行為和明亮的眼睛連起來。

1

望遠處景物

揉眼睛

2

3

近距離看電視

6

躺着看書

4

熱敷眼睛

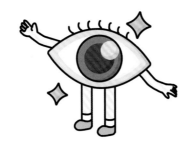

5

閱讀時保持正確坐姿

適量運動

每天進行適量的運動，有助身體成長，並使身心放鬆。小朋友，想要動起來了嗎？先做以下 ➊ 至 ➐ 項的熱身運動吧！

先做暖身動作

先做 5 至 10 分鐘全身運動讓身體熱起來。除了開合跳外，也可輕鬆慢跑、雙手打圈等。

再做伸展動作拉拉筋

每個部位都要左右各做一次，慢慢做。
每個動作停下維持 10 秒，重複做 2 次。

開合跳

肩頸

肩膊

手臂

腰側

大腿

小腿

小朋友，做得好！可以開始做運動了。注意，吃飯後、睡覺前都不適宜做劇烈運動啊！

預防及改善不良姿勢的伸展動作

坐得久了，也要起來活動一下啊！接下來，讓我來教大家一些簡單有用的伸展動作吧！

預防及改善脊柱側彎
舉起雙手，屈曲手臂，
向後往下夾緊肩胛骨，
伸直雙手，重複 10 次。

預防及改善駝背
上身挺直，兩手緊扣，
盡量抬高手臂向後拉。

家長小錦囊

要幫助孩子建立良好的生活習慣，家長可以：

一、保持飲食健康

1. 嘗試健康多變的烹調方式，包括清蒸、焓焯、烤焗、少油快炒等，既可帶出食物的鮮味，亦能減低菜式的油分。此外，在舉行生日派對或歡樂聚會時，避免提供煎炸和高糖的食物。例如用清蛋糕代替忌廉蛋糕，讓孩子將健康美食與開心時刻形成記憶聯繫。
2. 引導孩子認識「健康飲食金字塔」，並用顏色將不同食物介紹給孩子，讓他們以「彩虹飲食法」來練習選擇食物配搭，培養他們良好的飲食習慣。
3. 隨身攜帶清水，培養孩子多喝水的習慣。

二、建立良好生活習慣

1. 家長和孩子一起設計作息時間表，培養他們的自律性，以及善用時間的好習慣。
2. 讓孩子明白睡眠對身體的重要性，可於睡前一小時為孩子建立睡眠儀式感，例如刷牙、閱讀、聊天等，為孩子醞釀入睡的狀態，培養他們早睡早起的習慣。

三、保持孩子心情開朗

1. 將運動當作日程項目寫進作息表中，並讓孩子嘗試不同種類的運動，從中挑選感興趣的項目，培養他們的運動習慣。
2. 訓練孩子獨處的能力，包括培養閱讀、音樂、繪畫等靜態興趣，令他們不容易感到孤單。
3. 為孩子製造與其他人相處的機會，擴闊社交圈子，增強與人相處的能力。
4. 鼓勵孩子向自己講述心情或心事，一方面讓家長有機會了解孩子的各種情況，有問題時可以及早解決，另一方面亦令孩子遇到困難時懂得向家長求助。

最後，大人謹記要以身作則，因為孩子的模仿能力很強，他們的各種習慣往往都是從身邊的大人身上學來的。